業種別では**運輸交通業**や**卸・小売業**などで多く発生！
特に**作業経験が少ない人**は要注意！

参考資料：（独）労働安全衛生総合研究所『ロールボックスパレット使用時の労働災害防止マニュアル』

重要 これだけは知っておこう

- 両手で持って操作すること
- いつでも減速・停止できる範囲で操作すること
- もし、ロールボックスパレットが傾いたら、支えようとせず、身を守ること

基本操作を身につけよう

押し

- 側面のパネルを手前にして押す。
- 目の位置よりも高く積まない。
- 進行方向や通路の状態を確認しながら進む。
- 曲がり角やスロープでは早めに減速する。

引き

- 後ろ歩きになるので、進行方向と自分の背中側の状況を常に注意する。
- 足先やすね、体などにぶつけないように動かす。

ロールボックスパレットを使う前に確認しよう

荷物はどんな形・重さ？
どこへ？
どういう経路で？
いつまでに？
一人でできる作業？

横押し

- 背面パネル側に立って押す。
- 動かし始めや停止時は、力を入れにくいので、他の動かし方で。
- 手や体をはさまれないようにする。
- 足をキャスターにはさまれないようにする。

折りたたむ（L字型）

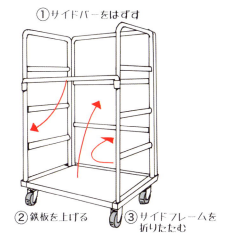

①サイドバーをはずす
②鉄板を上げる
③サイドフレームを折りたたむ

- 手や指をはさまれないように。

- ロープなどで固定する。

ロールボックスパレットが傾いて下敷きになる

傾斜路を下り方向に2人で移動中、ロールボックスパレットのスピードを抑えるため、1人がロールボックスパレットの移動方向にまわったところ、キャスターが段差に引っかかって倒れてきて下敷きになった。

ここが危ない

❶ 勢いのついたロールボックスを人手で押さえようとした。
❷ 進行方向の傾斜、通路の状態を把握していなかった。
❸ 指揮者を決めていなかった。

 こうすれば**安全**

❶ 傾斜路でもコントロールできる範囲の積載量にする。
❷ 通路の状態を確認する。
❸ 指揮者を決める。

荷の重さを知ろう！

ロールボックスパレットにはいろいろなサイズがありますが、例えば

ロールボックスパレット自体の重さ 50 kg

\+

荷の重さ 500 kg

＝

合計 550 kg

（人が支えられる重さではありません！）

運搬できる重量を超える場合は、2回に分けて運ぼう

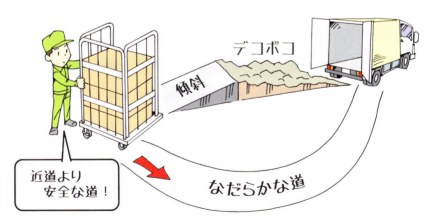

傾斜や凸凹道が予測されるときは、遠回りでも安全な道を選ぼう

ポイント

いざという時は
支えようとせず、身を守ろう

トラックの荷台から
ロールボックスパレットと
ともに転落する

ロールボックスパレットをトラックからおろそうと、トラック内部の固定ロープを外したところすぐに動きだし、あわててそれを止めようとして昇降板の端からロールボックスパレットとともに転落した。

① ロールボックスパレットの車輪ストッパーがかけられていなかった。
② トラックが水平な場所に止められていなかった。

こうすれば安全

① 運搬時以外は車輪ストッパーをかける。
② トラックが水平な場所に止められているか確認する。

テールゲートリフター周りでの荷の取り扱いはこのほかにも注意を要する点があります。メーカー所定の取り扱い方法、定期点検などについて確認しておきましょう。

陸上貨物運送関連事業についてはトラックからの荷おろしなどの際の注意点があります。詳しくは『ロールボックスパレットの安全作業ハンドブック』(陸上貨物運送事業労働災害防止協会)等をご覧ください。

ポイント

運搬時以外は
車輪ストッパーをかけよう

ロールボックスパレットに手をはさまれる

ロールボックスパレットをたたんで保管しようとしたとき、フレームの間に手をはさんで負傷した。

 ここが危ない

① 勢いのついたキャスターを抑えきれなかった。
② たたんだロールボックスパレットをそのまま放置していた。

こうすれば安全

① 保管の際は固定具をつけよう。
② 保護具を着用しよう。

荷物が載っていないときも、乱雑に扱わない。
多台持ちや連結して運ぶのは危険。

折りたたみ方法、
保管方法を知っておこう

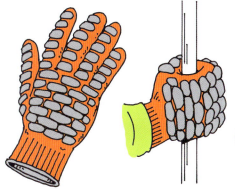

できるだけ作業しやすい服装や靴、保護帽、手袋を着用しよう。
万が一ぶつけてしまった時のダメージを少なくするために、
作業にあった保護具を利用しよう。

ポイント

保護具を着用しよう

ロールボックスパレットの キャスターに足を踏まれる

スーパーマーケットの店頭でロールボックスパレットを引いていたところ、子どもが走ってきたのでぶつからないよう急停止しようとしたが止まらず、自分の足をキャスターに踏まれた。

ここが危ない

❶ 自分の足を巻き込みやすい「引き」で作業をしていた。
❷ 周囲に注意を払っていなかった。

こうすれば安全

❶ 「引き」は自分の足にぶつかりやすいことを念頭におこう。
❷ 周囲に注意を払い、声かけをしよう。

周囲、足元に注意を払おう

特に見通しの悪い通路を通るときは、一旦停止して、周りを確認しよう。

キャスターの特性を知っておこう

固定キャスターと旋回キャスター、また2輪のみ旋回するもの、4輪とも旋回するものとで動きが異なります。実際に動かしてその特性を知っておこう。

直進安定性がよい

固定キャスター

曲がりやすい

旋回キャスター（ストッパー付）

ポイント

周囲に注意を払い、声をかけよう

ロールボックスパレットの サイドバーが顔にあたる

サイドバーがなかなかはずれないので、力任せに引っ張ったところ、勢いよくバーが外れて顔にあたり、荷物が頭にあたった。

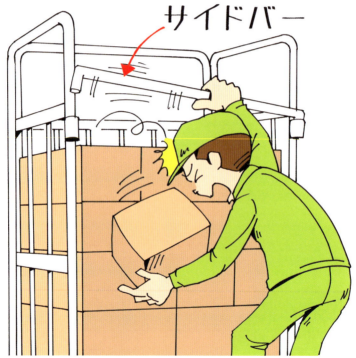

ここが危ない

① サイドバーのカギ穴部がさび付いていて外すのに力を入れなければならない状態であった。

② 荷物をたくさん積んでいるので、サイドバーが外れた反動で荷が頭に落ちた。

こうすれば安全

❶ 頭上より高く荷を積まない。
❷ 使用前と定期的に各部の点検を行う。

荷崩れ防止

荷物を積むのは前が見えるところまで

中間棚による頭の段打ちや指のはさまれにも注意

重いものからバランスを考えて積もう

忘れずに！ 使用前点検と定期的なメンテナンス

・本体（外観、変形、ねじの緩み）

・サイドバー（変形・破損・腐食）

・中間棚（ガタつき）

・キャスター（車輪の変形・摩耗、ストッパー）

ポイント

バランスを考えて積もう

［すぐに実践シリーズ］

こうすれば安全！
ロールボックスパレット使用作業

平成30年4月27日　第1版第1刷発行

編　者	中央労働災害防止協会
発行者	三田村　憲明
発行所	中央労働災害防止協会
	〒108-0023
	東京都港区芝浦3丁目17番12号　吾妻ビル9階
	TEL〈販売〉03（3452）6401
	〈編集〉03（3452）6209
	URL　http://www.jisha.or.jp/
印　刷	（株）光邦
協　力	陸上貨物運送事業労働災害防止協会
	（独）労働者健康安全機構 労働安全衛生総合研究所
イラスト	田中　斉
デザイン	納富　恵子

©JISHA 2018　　24098-0101
定価（本体250円+税）
ISBN978-4-8059-1805-0　C3060　¥250E

本書の内容は著作権法によって保護されています。
本書の全部または一部を複写（コピー）、複製、転載すること（電子媒体への加工を含む）を禁じます。

すぐに実践シリーズ

こうすれば安全!
ロールボックスパレット使用作業

中央労働災害防止協会

ロールボックスパレットで けがをするなんて?!

ロールボックスパレット（かご台車）は、一度に多くの荷物を運ぶことができ、荷おろしせずにそのままトラックに載せたり、また小売業では販売棚にすることもある便利な運搬機です。

台車同様、誰でも手軽に使えますが、使い方を誤ると手足を負傷したり、時には命を落とす事故も発生しています。

ロールボックスパレット使用作業の災害事例をもとに、どうして災害が発生したのか、どうすれば災害を防ぐことができるのかをみていきましょう。

小さなケガだけでなく、時には命を落とす災害も！

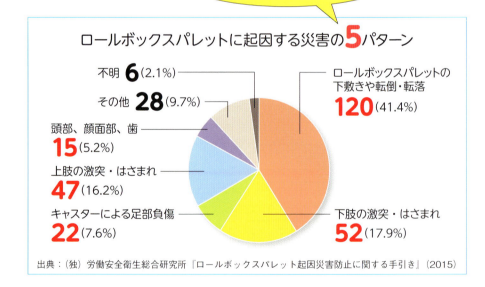

ロールボックスパレットに起因する災害の**5**パターン

- 不明 **6** (2.1%)
- その他 **28** (9.7%)
- 頭部、顔面部、歯 **15** (5.2%)
- 上肢の激突・はさまれ **47** (16.2%)
- キャスターによる足部負傷 **22** (7.6%)
- ロールボックスパレットの下敷きや転倒・転落 **120** (41.4%)
- 下肢の激突・はさまれ **52** (17.9%)

出典：(独)労働安全衛生総合研究所『ロールボックスパレット起因災害防止に関する手引き』(2015)

豆知識

ロールボックスパレットの誕生
ロールボックスパレットは、台車より多くの荷物を積むことができ、特段の資格を必要としないで扱えるようにと考案されたものです。